雁栖湖

艺术品

北京北控置业有限责任公司
北京北控国际会都房地产开发有限责任公司　编著

中国建筑工业出版社

图书在版编目（CIP）数据

艺术品／北京北控置业有限责任公司，北京北控国际会
都房地产开发有限责任公司编著. —北京：中国建筑工业出
版社，2016.1
　（雁栖湖）
　ISBN 978-7-112-18947-2

Ⅰ. ①艺… Ⅱ. ①北…②北… Ⅲ. ①会堂－建筑设计－怀柔
区－图集 Ⅳ. ①TU242.1-64

中国版本图书馆CIP数据核字（2016）第004889号

丛书总策划：咸大庆
责 任 编 辑：郑淮兵　马　彦　　王晓迪
版 式 设 计：锋尚设计
责 任 校 对：李欣慰　关　健

雁栖湖

艺术品

北京北控置业有限责任公司
　　　　　　　　　　　　　　　　　编著
北京北控国际会都房地产开发有限责任公司

＊

中国建筑工业出版社出版、发行（北京西郊百万庄）
各地新华书店、建筑书店经销
北京锋尚制版有限公司制版
北京盛通印刷股份有限公司印刷

＊

开本：965×1270毫米　1/16　印张：8　字数：500千字
2016年1月第一版　2016年1月第一次印刷
定价：128.00元
ISBN 978－7－112－18947－2
（27936）

　　2014年金秋时节，燕山脚下，长城怀抱、水天相接的雁栖湖畔，举办了举世瞩目、影响深远的国际盛会——亚太经合组织(APEC)第22次领导人非正式会议。此次峰会，将亚太地区经济合作推向新高潮的同时，让世界目光聚焦中国，聚焦北京，将中国的声音传递到了全世界。

　　雁栖湖畔这些经典的建筑，不仅圆满地承载了这场盛事，而且不失时机地向世界展示了中国历史悠久、灿烂多彩的文化，海纳百川的气度和独树一帜的处世哲学。16个别致的单体建筑荟萃在秀丽的雁栖小岛之上，与青山绿水交相辉映。这些独具特色的建筑依山就势，各美其美，和而不同。

　　位于雁栖湖的国际会都之美超越了一般意义上的建筑美学，它是集风景、建筑、环境、艺术的大美之作。它的美，美在整体，美在和谐。国际会都建筑中的艺术品是整体环境中重要的组成部分，在策划、设计、创作和配置方面独具匠心，不仅完美诠释了APEC"开放对话、平等尊重、相互依存、共同利益"的理念，而且恰如其分地传播了中国传统文化。艺术品的策划，以《礼记·乐记》《礼记·礼运》等典籍中的"和乐、同光"概念为主题蓝本，以表现中国文化智慧作为规划线索。在格调控制方面，以当代多元的艺术表现形式诠释世界和谐发展的观念。融文化自觉的理性和艺术创作的感性于一体，在突出整体思想性的基础上尊重艺术创作的规律，突出了艺术作品的价值。

　　国际会都中的艺术作品数量大，类别多，不仅囊括了中国画、油画、版画、雕塑、工艺美术等传统艺术的所有门类，也涉及装置等当代艺术形式。同时参与此项艺术创作的艺术家众多，其中既有德高望重、技艺精深的老一代艺术家，也有朝气蓬勃、奋发向上的中青年艺术家，体现出中国当下艺术创作人才辈出的格局。每一件艺术作品都是国际会都文化表达中宏大叙事的一分子，从主题的确定到艺术家的选择，以及艺术品的表现材料和尺寸确定都经过了认真的规划和慎重的选择。力图使空间叙事和艺术品主题的变化相吻合，同时统筹空间美学、环境美学和视觉艺术，使它们相得益彰，成为一个美的整体。这些艺术品完美诠释了中国文化，传播了新的历史时期中国外交的胸怀和发展理念，也形成了一套完整、珍贵的文化遗产，将载入史册。

CONTENTS 目 录

中国书画是中华民族文化艺术的瑰宝，在长期的发展和演变中逐渐形成了一种民族文化，并不断呈现出品种、内容的多样化。

本章中的书画作品，以表现中国深厚的人文文化和绚丽的自然风貌为主，兼顾文化的多样性和包容性，它们与环境及背景的尺度、肌理、材质和色彩相协调，风格不拘一格，并从国际视角、国家形象、国家礼仪的角度使自身具有恢宏的气势和深厚的底蕴，彰显着国际社会普遍认同的抽象美，简约灵动。

金国栋　书　赤壁怀古　书法
H690mm×W1380mm

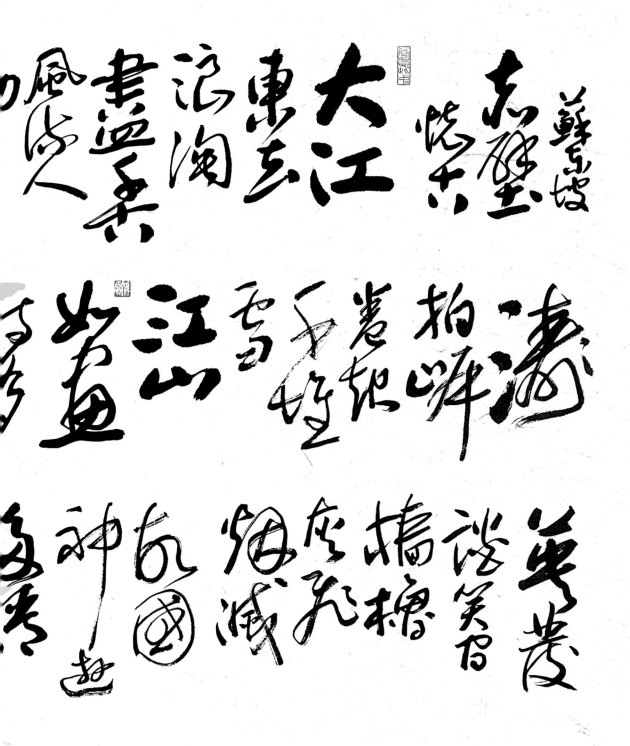

录文：

赤壁怀古

　　大江东去，浪淘尽，千古风流人物。故垒西边，人道是，三国周郎赤壁。乱石穿空，惊涛拍岸，卷起千堆雪。江山如画，一时多少豪杰。

　　遥想公瑾当年，小乔初嫁了，雄姿英发。羽扇纶巾，谈笑间，樯橹灰飞烟灭。故国神游，多情应笑我，早生华发。人生如梦，一樽还酹江月。

京华之旅　其远

金国栋　书　爱莲说　书法
H690mm×W1380mm

愛蓮説

此文是北宋理學家周敦頤的名作通過描繪蓮的形性贊揚純潔堅貞的人格歌頌美德鄙視追名逐利的世態同時又表現了作者潔身自好的情趣

录文：

爱莲说

　　水陆草木之花，可爱者甚蕃。晋陶渊明独爱菊。自李唐来，世人甚爱牡丹。予独爱莲之出淤泥而不染，濯清涟而不妖，中通外直，不蔓不枝，香远益清，亭亭净植，可远观而不可亵玩焉。

　　予谓菊，花之隐逸者也；牡丹，花之富贵者也；莲，花之君子者也。噫！菊之爱，陶后鲜有闻；莲之爱，同予者何人？牡丹之爱，宜乎众矣。

时在壬辰，其远

苏芬兰　书

沁园春 雪　书法

H1250mm × W2490mm

录文：

沁园春 雪

北国风光，千里冰封，万里雪飘。

望长城内外，惟余莽莽；大河上下，顿失滔滔。

山舞银蛇，原驰蜡象，欲与天公试比高。

须晴日，看红装素裹，分外妖娆。

江山如此多娇，引无数英雄竞折腰。

惜秦皇汉武，略输文采；唐宗宋祖，稍逊风骚。

一代天骄，成吉思汗，只识弯弓射大雕。

俱往矣，数风流人物，还看今朝。

敬录毛泽东词

张雪明　书

三峡　书法

H900mm×W1800mm

录文：

郦道元　三峡

自三峡七百里中，两岸连山，略无阙处。

重岩叠嶂，隐天蔽日，自非亭午夜分，不见曦月。

至于夏水襄陵，沿溯阻绝。

或王命急宣，有时朝发白帝，暮到江陵，其间千二百里，

虽乘奔御风，不以疾也。春冬之时，则素湍绿潭，回清倒影。

绝巘多生怪柏，悬泉瀑布，飞漱其间，清荣峻茂，良多趣味。

每至晴初霜旦，林寒涧肃，常有高猿长啸，属引凄异。

空谷传响，哀转久绝。

故渔者歌曰：

"巴东三峡巫峡长，猿鸣三声泪沾裳。"

杨再春　书

岳阳楼记　书法

H2500mm×W11000mm

录文：

岳阳楼记

　　庆历四年春，滕子京谪守巴陵郡。越明年，政通人和，百废具兴，乃重修岳阳楼，增其旧制，刻唐贤今人诗赋于其上。属予作文以记之。

　　予观夫巴陵胜状，在洞庭一湖。衔远山，吞长江，浩浩汤汤，横无际涯；朝晖夕阴，气象万千。此则岳阳楼之大观也，前人之述备矣。然则北通巫峡，南极潇湘，迁客骚人，多会于此，览物之情，得无异乎？

　　若夫淫雨霏霏，连月不开，阴风怒号，浊浪排空；日星隐曜，山岳潜形；商旅不行，樯倾楫摧；薄暮冥冥，虎啸猿啼。登斯楼也，则有去国怀乡，忧谗畏讥，满目萧然，感极而悲者矣。

　　至若春和景明，波澜不惊，上下天光，一碧万顷；沙鸥翔集，锦鳞游泳；岸芷汀兰，郁郁青青。而或长烟一空，皓月千里，浮光跃金，静影沉璧，渔歌互答，此乐何极！登斯楼也，则有心旷神怡，宠辱偕忘，把酒临风，其喜洋洋者矣。

　　嗟夫！予尝求古仁人之心，或异二者之为，何哉？不以物喜，不以己悲；居庙堂之高则忧其民；处江湖之远则忧其君。是进亦忧，退亦忧。然则何时而乐耶？其必曰"先天下之忧而忧，后天下之乐而乐"乎？噫！微斯人，吾谁与归？

　　时六年九月十五日。

慶曆四年春，滕子京謫守巴陵郡。越明年，政通人和，百廢具興，乃重修岳陽樓，增其舊制，刻唐賢今人詩賦於其上。屬予作文以記之。

予觀夫巴陵勝狀，在洞庭一湖。銜遠山，吞長江，浩浩湯湯，橫無際涯；朝暉夕陰，氣象萬千。此則岳陽樓之大觀也，前人之述備矣。然則北通巫峽，南極瀟湘，遷客騷人，多會於此，覽物之情，得無異乎？

若夫霪雨霏霏，連月不開，陰風怒號，濁浪排空；日星隱曜，山岳潛形；商旅不行，檣傾楫摧；薄暮冥冥，虎嘯猿啼。登斯樓也，則有去國懷鄉，憂讒畏譏，滿目蕭然，感極而悲者矣。

……而或長煙
浮光躍金，靜
影沉璧……此樂何極

沈鹏　书　雁栖酒店　书法
H340mm×W1000mm

酒店

雁栖塔

侯德昌　书　雁栖塔　书法
H1380mm×W700mm

申伟　映日荷　国画　H1420mm×W960mm

大雁在湖边栖息的情景，极具诗情画意。

13

张桂徵　玉簪花　国画　H900mm×W900mm

圣洁的玉簪花摇曳吐瑞，寓意祥和、宁静。

张桂徵　夕霓之舞　国画　H930mm×W960mm

夕阳下鸟儿与芦苇共舞，表现了自然生态的和谐、美好。

刘巨德　彩墨花卉系列　国画
H1550mm×W550mm　4幅

艳阳高照百花齐放，
一派生机盎然的景象。

刘巨德　墨色花卉系列　国画
H1550mm×W550mm　4幅

表现了月光下荷花、百合的美丽姿态。

李雪松　丹霞云锦　国画　H900mm×W1800mm

艺术家把自己的审美情趣与自然形象巧妙地融为一体，用对比的手法实现了感情的
流露与精神的物化。

王明明　莫晓松　李雪松　和风清远　国画　H5200mm×W10050mm

此作品专为2014年APEC峰会而作，取材于热带雨林景象，所绘植物种类繁多，堪
为花鸟画巨制。作品吸收了山水画的构图特点，阔然博大、气势如虹。表达了期望
世界欣欣向荣、多姿多彩、和谐共生。

和風清遠

有虚有实，错落有致，叙述性很强，构成了画家与众不同的山水视野。

师恩钊　春涌　国画　H1460mm×W3680mm

有虚有实，错落有致，叙述性很强，构成了画家与众不同的山水视野。

师恩钊　大山晨色　国画　H2000mm×W2000mm

晨曦映照，山峦叠映，体现出一种蓄势待发的磅礴气韵。

师恩钊　落基山冬韵　国画　H2000mm×W2000mm

皑皑瑞雪覆盖叠嶂群山，表现世界名山的雄伟壮观、诗情画意。

陈大章　大好河山　国画　H1500mm×W3000mm

中国传统绘画形式——勾金青绿山水画，以色彩形式技法完美地表现了祖国大好河山的雄浑气势。

范扬　等　高山流水有知音　国画　H1460mm×W3700mm

高山流水本为曲名，意指朋友之间能够从古琴音韵中听懂"巍巍乎志在高山、洋洋
乎意在流水"，因此互相理解，从而引为知心至交。

高山流水有知音 甲午夏 范扬擣擂曹軍先生作 國家□院□

夏山濃郁而如滴
叠嶂烟横翠
见风姿

时在壬辰仲夏
马欣泉真水意画
井歆

锦秀

马欣乐　江山锦秀　国画　H900mm×W1800mm

艺术家把写实与写意兼容、水墨与色彩交织，突破了传统山水画的构图模式，完美
真实地表现出山水的绚烂神韵。

江

马欣乐　千峰竞秀　江山长青　国画　H900mm×W1800mm

用饱满的笔墨和浓重的色块，再现了群山的万千姿态和勃勃生机。

千峰竞光 虹

马欣乐　驰骋风雪图　国画　H1450mm×W3700mm

艺术家以彩墨互映、线面结合的手法，渲染了风雪中骏马风雷动九州的精神。

气激风云

马欣乐　翠烟腾蛟　气激风云　国画　H1780mm×W4200mm

清泉飞瀑，花草葱茏，是作者笔下流淌出的勃勃生机。而空濛涵烟的意境和跌宕气
势的完美有机结合，更体现出传统山水画独到的韵味。

翠烟腾蛟

牟成　桦林初雪　国画　H900mm×W1800mm

艺术家用沉郁的笔调，表现了初雪的白桦林那种苍茫和浑然的意境。

桦林初雪 年午

初夏 年戊

牟成　金鹿报春　国画　H1560mm×W3030mm

在皑皑白雪中一队鹿群穿行在山溪之间，一对对灵巧的足迹体现出以鹿为代表的众
生对即将到来的春天的憧憬和向往，大地孕育着复苏的生机。

何加林
风雨震诸天　空山自龙卧
国画　H900mm×W1800mm

以或浓或淡、或疏或密的手法，
传达了作者对传统文人气节情怀
的崇尚。

韩朝　山韵　国画　H3600mm×W950mm　3幅

以中国传统文化精义为主体，在当代艺术语境中
展现传统山水画"天人合一"、"与天地精神独
往来"的生命本质，着力于丘壑和笔墨的完美统
一，将自然凝固成画面，具有稳定、宁静、恒久
的审美力量。

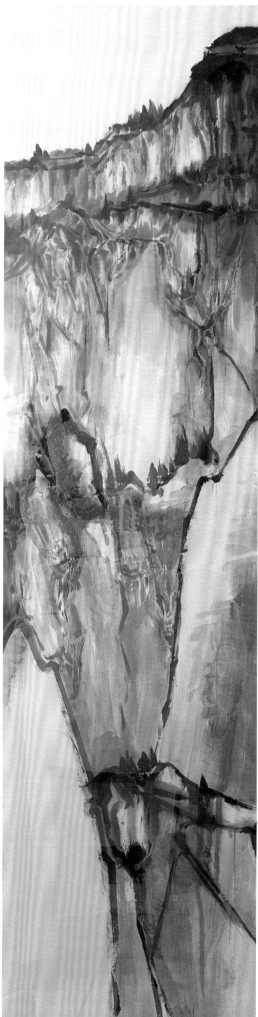
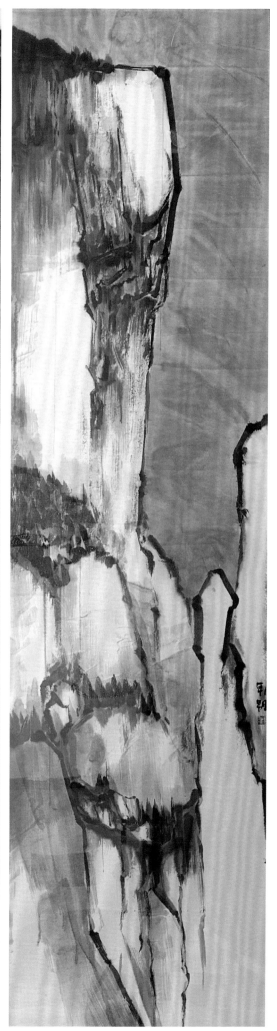

卢志学　关东深秋　国画　H900mm×W1800mm

以强烈的色彩对比，描绘了关东深秋辽远疏朗的意蕴。

杨彦　心清闻妙香　国画　H900mm×W1800mm

艺术家用笔无处不自然、无处不天成，让荷花的天然神韵跃然纸上。

49

鞠占圃　桃源新记　国画　H2100mm×W1200mm　3幅

灵感源于晋陶渊明的《桃花源记》。通过对桃花源安宁和乐、自由平等生活的描绘，表现了中国人民追求美好生活的理想。

徐光聚　伏牛朝晖　国画　H1560mm×W3030mm

用深得传统神韵的笔触，表现山河简远辽阔之感。

伏牛朝暉

紫薇映日黑于墨雪香宗華光照

綠記于

周华君　雨打江南村　一夜花开无数　国画　H900mm×W1800mm

用笔清新淡雅，营造了荷花出淤泥而不染的婉约气质和韵味，是大写意莲花作品。

夜一山南雨初

程振国　黄山烟云图　国画　H2100mm×W6800mm

描绘了"中国第一奇山"——黄山云雾缭绕的秀丽景观。传说中华民族的祖先黄帝曾在此处炼丹，故名黄山，同时也使黄山融入了中华民族的灵魂，迎客松更是成为中国对外友好的符号。此作品以朦胧壮美的黄山与遍布山间的迎客青松，展现中国人民的沉稳、开放、热情好客。

黄山烟云图 歲在甲午春初 栖霞圖寫

姚鸣京　云山梦境坐忘图　国画　H2100mm×W1600mm　3幅

光影浮动，物象灿然。深山古寺、林木塔影、溪桥柴屋、樵夫渔民，自在相处，于深邃玄远
中蕴含生的温暖，形成了别开生面的笔墨面貌和趣味，更有苍翠寂寞、归鸿无声的滋味。

王天德　后山图　烫烙画　H1100mm×W2500mm

将古代珍贵的册页、书画和当今的创作进行整合，通过碑、册和观念艺术三种形
式，从另一个角度出发，不再局限于水墨纸本的形式。火灼取代毛笔书写的手法，
将灼空的山水或书法创作覆于古代石碑拓片和册页之上，而呈现出局部镂空的线
形，形成独特的视觉语言。

卢新华　春山图　油画
H1500mm×W3000mm

用中国传统绘画的写意精神、西方的
油画表现手法，表达了人与自然的和
谐统一。

卢新华　魄　油画
H1500mm×W3000mm

运用中国绘画的写意手法和抽象语言，表现自然的博大、厚重、深沉、复杂以及动与静、黑与白，强与弱对比的气韵和生命的活力，揭示大自然的诗意和力量之美，由此也寓意人与自然合一，赞颂人所具有的博大胸怀和魂魄。

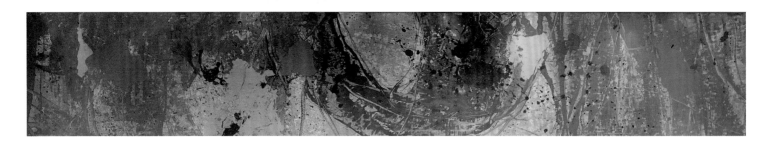

李磊　旭日东升　油画　H1300mm×W7500mm

明快跳跃的色彩节奏，挥洒自如的视觉张力，通过充满生命力和感染力的抽象语
言，托出一轮喷薄而出的红日，与建筑的形态交相辉映。

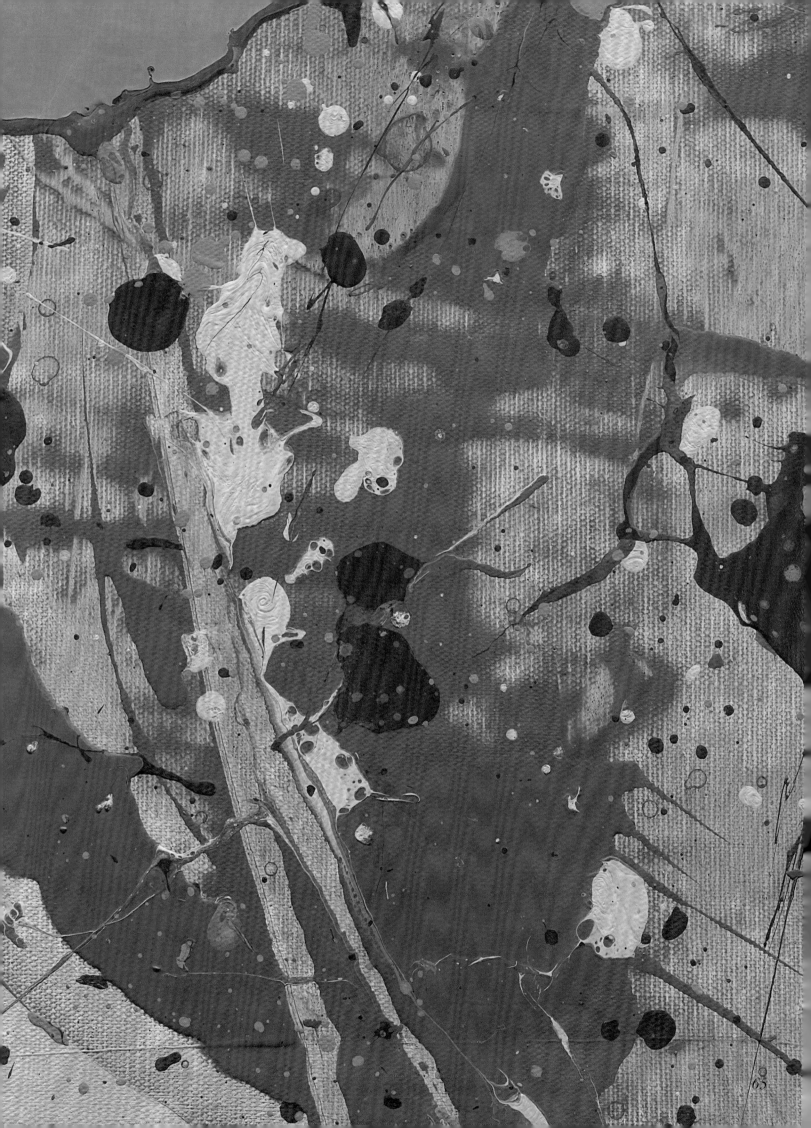

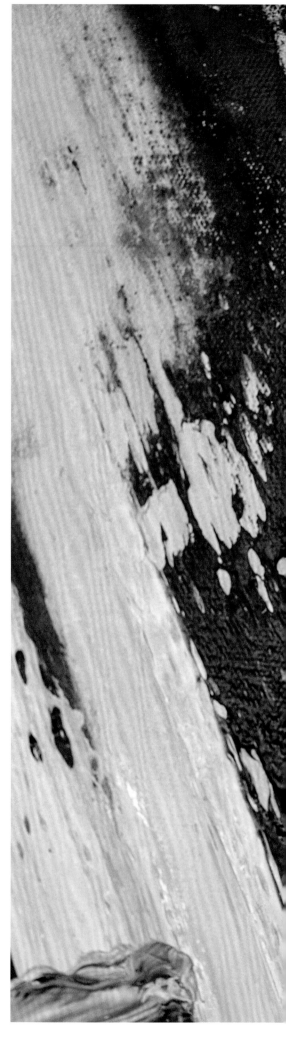

张伟　刹那　油画　H1200mm×W1200mm

结合中国绘画中最高境界的笔情墨趣，把中国传统艺术和西方艺术中的多种语言特征，用传统纵笔豪放的画法，以点、线、面的形式融化在黑白的微妙变化之间。

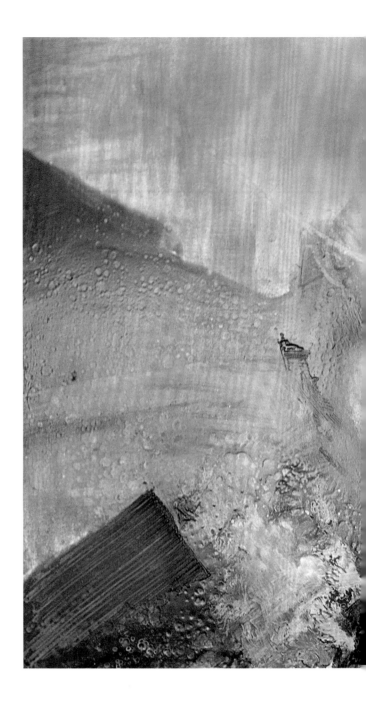

赵天新　荷风　油画　H1740mm×W1040mm

运用高饱和度的色彩，赋予画面强大的张力和冲击力，具有一
种强烈的视觉美感。下笔一气呵成，注重画面整体效果。笔触
的抽象美感就像凝固了的奔放激情，近乎迷乱的笔触打破物象
之间的边缘，与景色浑然一体。

洪兴宇　朱砚　流光溢彩　漆画　H1000mm×W1800mm

作品以漆艺的方式展现中国的笔墨意蕴，创造性地使用飞白、皴点等传统绘画语言，配以浓烈的现代色彩，于传统中焕发新的创造力，展现新的视觉体验。艺术作品兼具民族性与世界性，以体现多元文化下视觉体验的丰富性，以律动的色彩节奏展现如舞蹈般的心理感受。

吴晞　陈为民　雁栖图　漆画　H2100mm×W2100mm

作品以雁栖湖为创作主题，描绘了雁栖湖畔群雁齐飞的壮观场面。特殊的漆艺肌理，使得画面层次丰富、意境深远。整幅作品为空间注入一种动态的活力，增强了环境的视觉感染力。

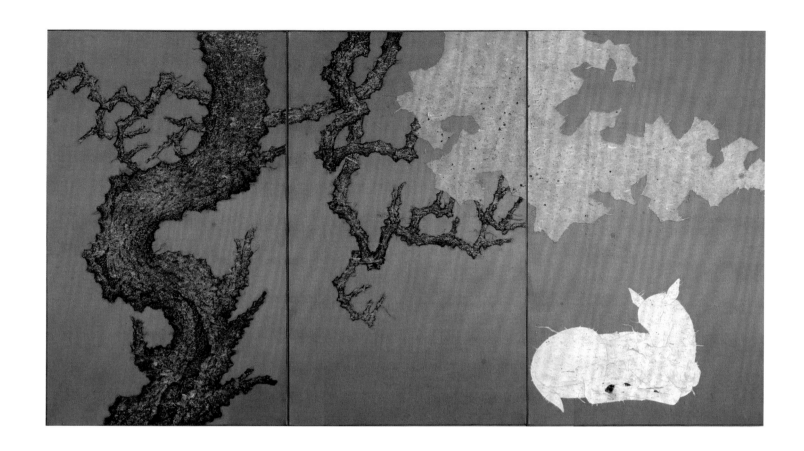

谭军　闲庭　综合材料　H1400mm×W2400mm

苍劲扭曲的树枝寂然独立于画面上，构图与节奏
充满力量，内容以对比鲜明的色块出现，相互交
融又独立，画中的一动一静，即是画者内心与自
然社会外围环境的灵魂对谈。

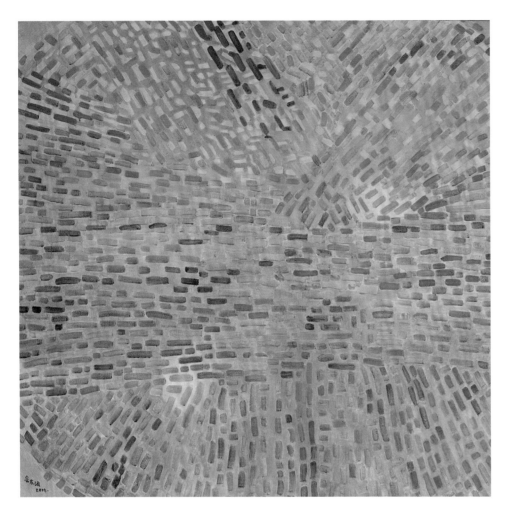
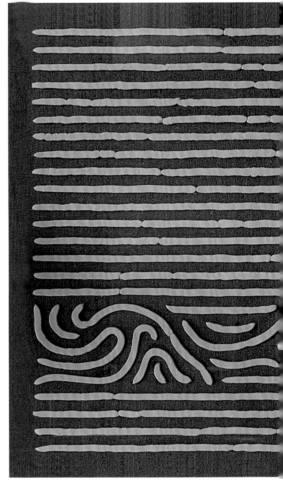

余友涵　圆　丙烯　H1300mm×W1600mm

画面极清美而潇漓，运若星辰之自在。画幅间蕴有一种沈寂而寥廓的光彩，酣畅简
达，华严而圆融，仿佛由心中至达之境悠悠造来。其处境与那物象和真道亦即亦
离，"圆"这样一种虚实兼有的象征，也许正表现了那种对物界的迷惑与距离，以
及对"道"的切近和疏远。

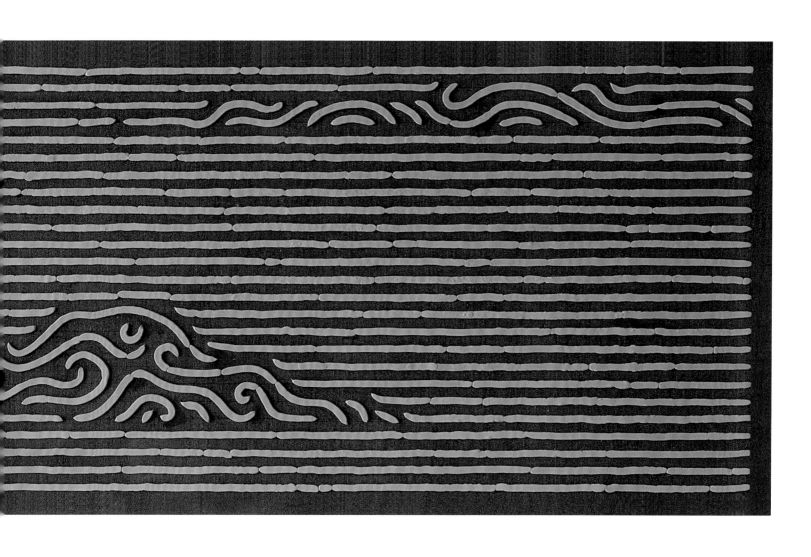

申凡　中国式风景　丙烯　H1500mm×W2000mm

作品作为天赋感知的集成物，利用均衡、美妙的装饰性重复图案，伴随着少有的激情，并秉着规律、精准和尽善尽美的态度，刻意地忽视叙事性的表达，取而代之的是纯粹和简洁的表现方法。寂静成为一个有力的观念，表达了艺术家的思维和其与被赋予实质的社会之间的亲近。

陶瓷

中国陶瓷发展历史悠久、技法众多，各朝各代通过不同的技法和纹饰诠释着时代的特点和风格。

本章中的当代陶瓷作品，继承了古典陶瓷艺术的独特气质，器型烧制延续传统的烧制工艺，研究、呈现各代的绘画装饰技法，从整体上保留了传统特色并在此基础上有所创新，体现了当代陶瓷的独特魅力。

赖德全　制

金碧辉煌

通高55cm　直径23cm

运用结晶斗彩，釉面莹润
光亮，通体花团锦簇，层
次分明，细腻柔和，超凡
脱俗，突破了传统装饰印
象，采用金色花瓣展现尊
贵华丽，光彩夺目。

赖德全　制
繁花似锦
通高48cm　直径32cm

运用结晶斗彩，表现出花儿多
姿多彩、竞相争艳的景象，画
面中红绿既对比又调和，花儿
与花苞错落有致、疏密得当，
具有很强的美感。

赖德全 制

春江雨后绿更翠

通高50cm 直径48cm

采用了"釉上珍珠彩"的装饰手法，画面布局饱满，色泽明丽，青山秀茂，黑瓦白墙，江南水乡尽收眼底。其运色随心而至，挥洒淋漓，水漫趣生，远山云雾朦胧、形神不散，若润含春雨，有过之而无不及。虽笔墨有尽，然意蕴无穷。

宁钢 制

祥和

通高55cm 直径34cm

以红色色釉为主基调，烘托出秋天
丰收的景色，经1320度高温烧制
后，采用釉上粉彩技法来描绘仙
鹤、稻穗和荷花，表现"岁岁和
气"的主题，再经800度二次低温
烧成。

宁钢 制

岁岁平安

通高55cm 直径34cm

以红色色釉和绿色色釉的对比来表现秋天的色泽，用粉彩技法来描绘秋天的景象，成熟的稻穗迎风飘荡，小鸟在唱歌。寓意"岁岁平安"。

吴能　制

一路春风一路歌

通高46cm　直径32cm

以紫藤花为题材，表现春天鸟
语花香的温馨画面，在工艺上
采用了釉下彩与新彩装饰相结
合的技法，作品造型饱满敦
厚，新颖别致。

张学文　制
蝶恋
通高62cm　直径25cm

以青花斗彩装饰手法，表现在
风中飘荡的花朵，画面形式新
颖、思路宽阔，融中国民间传
统和现代新潮的设计为一体，
形成了自己独特的艺术风格。

黄卖九　制

长青图

通高43cm　直径20cm

以传统的青花分水技法描绘鹤
与苍松，行笔淋漓清澈，笔锋
苍劲有力，青白虚实相宜，形
象生动有神。

陆如　制
康寿图
通高54cm　直径35cm

以青花斗彩工艺装饰，体现国画和
陶瓷技艺的完美结合，反映出作者
精炼而独特的画风，同时体现了浓
浓的中国画特点。

舒立洪　制

青青柔蔓绕

通高46cm　直径33cm

以细腻的笔道，温润的笔触，构架出一
组聚集却又简洁的画面意象，构图巧
妙，形式感很强。作品采用釉上彩新装
饰手法，画面生动活泼。

陆涛　制

和为贵

通高54cm　直径32cm

运用色青与釉下多种色彩相结合的绘画
装饰技法，以鳜鱼为题材，形象生动，
布局得宜，设色丰丽，陶瓷绘画中引入
中国画的气韵与格调，使作品气势非
凡、意境深远。

陆涛　制　石寿兰芳　通高40cm　直径35cm

运用国画写意技法，表现兰花的风韵，笔道
遒劲有力，笔触温润，画面清雅秀逸、灵巧
奇变，工艺与美感和谐相生。

陆涛　制　石寿兰芳　通高40cm　直径35cm

运用国画写意技法，表现兰花的风韵，笔道
遒劲有力，笔触温润，画面清雅秀逸、灵巧
奇变，工艺与美感和谐相生。

陆涛　制　荷塘情韵　通高53cm　直径28cm

运用色青与釉下多种色彩相结合的绘画装饰技法，器形美观大方，窄口、短颈。画面中描绘的是荷花塘美景，青色的荷叶与红色的花朵形成鲜明的对比，相得益彰。

杨冰　制

长乐

通高50cm　直径34cm

以釉下绣球花为题材，画面清新淡雅，色彩
和画面形式独特。以简练的笔墨、饱满的水
分，在青与白的韵律和节奏之中，感受简约
而深刻的美，给人以高品位的艺术享受。

杨冰　制
荷韵
通高48cm　直径38cm

以荷花为题材，采用青花分水技法，
将中国画的笔墨理念与现代装饰趣味
融为一体。作品酣畅淋漓、个性鲜
明，有强烈的现代水墨韵味。

杨青　制

福禄寿

通高52cm　直径23cm

以青花绘画工艺来表现，以擅长描
绘的动物——鹿为题材，配以苍劲
有力的松树为景，表现中国传统
"福禄寿"的吉祥画面，气韵生
动，笔精墨妙，手法新颖。作品是
青花釉下彩，经1340度高温烧制
而成。

杨青　制
三阳开泰
通高58cm　直径34cm

以擅长的动物题材结合苍劲有力的枯
木构成密疏有序的艺术风格。在工艺
上采用了青花技法，用笔老辣，注重
捕捉对象的神韵。

俞军　制
婴戏图
通高43cm　直径30cm

运用夸张的线条表现孩童天真烂漫的神态，笔下的婴戏图虽与中国传统的婴戏图有血脉相通的联系，但绝非是对婴戏图的一般继承和延伸，而是注入了现代的审美意识，融入了个人强烈的情感，摆脱了过去童子绘画蓝本的影响，独辟蹊径地展现了现代审美情趣，是不失中国文化传统意味的崭新样式。

俞军　制
婴戏图
通高43cm　直径30cm

运用青花釉里红结合孩童题材，运用夸张的线条表现孩童天真烂漫的神态，并注入了现代的审美意识，融入了个人强烈的情感，摆脱了过去童子绘画蓝本的影响，独辟蹊径地展现了现代审美情趣，是不失中国文化传统意味的崭新样式。

此件青花釉里红斗彩婴戏瓶直口微撇、溜肩、鼓腹，器形饱满敦厚，胎质莹润，釉色洁净，采用发色浓艳的青花与釉里红的相互拼逗，以瓷代纸、以釉为墨，笔情墨趣自然流露。作品具有强烈的生活气息，人物造型生动活泼，线条率性奔放，神韵浑然天成。作者从民俗民风中汲取创作元素，以孩童为表现题材，将孩童的神态表情与动作举止刻画得惟妙惟肖。

杨国政　制

渣斗

通高25cm　直径22cm

渣斗为杨国政大师纯手工作品。该器喇
叭口，宽沿，深腹，形如尊。制作难度
大，成品率低。

袁海清　陈宇清　制　三足洗　通高8cm　直径19cm

三足洗为纯手工作品，圆口、浅腹、平底，下承以三足，里外施天青釉，外底满釉，有细小支烧钉痕。采用汝窑传统支烧工艺，原料配方、成型、上釉及烧制工艺参照宋代原样实物，精制而成，还原了古代汝官窑瓷器的颜色和器型，呈现了汝窑瓷器文物的独特魅力。

袁海清　陈宇清　制　莲瓣钵　通高9cm　直径24cm

莲瓣钵为纯手工作品，该钵敞口、斜弧腹、平底。外壁印排列有序的三层仰莲纹，里外满釉，底部有支钉痕，施粉青釉，开蟹爪纹片，釉面洁净莹润。整体造型挺拔秀丽，美观大方，代表了汝窑产品极高的烧制工艺水平。

张玉凤　制　双耳炉　通高14.6cm　直径29.5cm

双耳炉也称蚰蜒耳炉，因双耳如蚰龙而得名，造型源自
宋器。该器造型沉稳秀雅，口稍敞，鼓腹，饰双耳，线
条优美。施粉青釉，釉色温润如玉，釉面布满开片。胎
釉结合完美，是汝窑中的精品。

苗见旭　制　玄纹洗　通高8.5cm　直径28cm

玄纹洗为纯手工作品，作品施炉钧釉，采取一次上釉的方法，通过高温窑变出现两层釉色。底层基色为胭脂红色，表层呈现星点状或块状分布的鹦哥绿色。以前炉钧中胭脂红色是非常少见的。此玄纹洗破解了"炉钧挂红"的难题。它近观如一泓春水掩映朝霞，水面上浮动绿萍；远看如山色罩着一层水光，葱翠欲滴。

雕塑

雕塑是造型艺术的一种，又称《雕刻》，是雕、刻、塑三种创制方法的总称。

本图录中的雕塑作品，以现代、抽象的语言，焕发作品无限的延伸性，来展现作品的中国美造型。

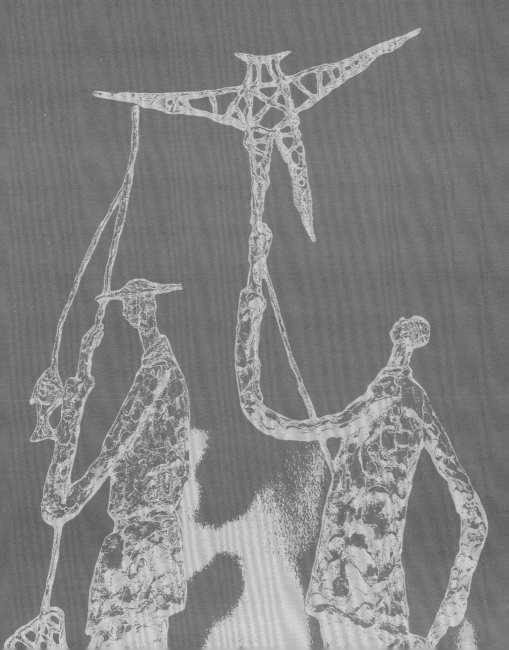

西山晴雪
九日朝天神笈雕
也將佳節功林益
苦寒不似東籬下
盧溝西山把菊看
宋荒武大神
夏荒楷

盧溝曉月
西山龍齋曉蒼蒼
一綫祭粉萬景長
最是微茫望鄉來
盧溝橋上月如霜
明朋題光神
盧溝橋

100

太淩秋風

秋刻宸居奥藏生
玉湖澄碧畫橋橫
香風晚送綫香生
竹露濃敲綠玉聲
翠合三山連閬苑
波涵一鏡伊蒲瀅
由來葉葉林泉好
行樂還同萬物情
清乾隆詩
太液秋風

瓊島春陰

海上三山擁翠鬟
天宮遙在碧雲端
古來漫說瓊台迥
人事寧知玉宇寒
落日丹叁烟象象
秋風桂樹露團團
勝湖寂寞前朝事
誰見吟芳寫彩鸞
明 王紱明詩
瓊華島

101

居庸叠翠

居庸突兀倚青天
一间泉流鸟道悬
终古戍兵烟下口
光摇陵寝托雄边
烽台福峡鸣禽里
年代重岗落雁前
燕代经过多感慨
不关游子思风烟

清 顾炎武 诗
居庸叠

蓟门烟树

惆怅秦城送独归
蓟门兵树遥依依
秋史箫射南飞雁
从道泉春变北飞

唐 崔颢 诗
送崔遥适瓜州

玉泉趵突

碧嶂云岩吼玉泉
長流寧是浪淘遣
遙看素練明孤鶩
卻訝晴虹蝕碧川
飛法棟林空章溢
激波戲頂芙蓉殿
傷開絕石碎珠圓
就記明昌遊覽千

明 鄒緝詩
玉泉虹

金台夕照

程書巖傳郭隗宮
荒台味傳夕陽中
回光寂寂千山紋
落影蕭蕭萬樹空
飛鳥亂隨天上下
歸人遙指路西東
黃金莫問招賢地
一代衣冠此金同

明 康王陽詩
金台夕照

103

陆光正

燕京八景

壁挂

H4055mm×W1450mm×D60mm　8幅

东阳木雕"燕京八景"为西山晴雪、卢沟晓月、太液秋风、琼岛春阴、居庸叠翠、蓟门烟树、玉泉趵突、金台夕照。"燕京八景"经清乾隆御定，浓缩了北京历代风貌。东阳木雕是国家级非物质遗产，自唐朝至今已逾千年。静列其间，似穿越时空，任历史沧桑变幻，中华民族精神生生不息。

陆光正　锦绣中华　落地屏风

H3750mm×W9170mm×D1060mm

锦绣中华为大型落地木雕屏风。整幅作品以绵亘不绝的群山、巍峨矗立的长城、铁骨铮铮的苍松、生机蓬勃的群花、鳞次栉比的高楼为主题，描绘了一幅雄浑壮美的锦绣中华河山图。屏风采用多种雕刻技法以及多层叠雕，错位构图、分组雕刻、一体融合，且科学地解决了材质热胀冷缩的物理问题。材质方面，画面主体是俄罗斯椴木，木质洁白细腻，易于精工雕刻；底座边框采用非洲红花梨木，基色庄重典雅，符合传统审美。

錦繡中華

陆光正　锦绣中华　落地屏风　细节

李彬彬　制　木刻挂屏　H800mm×W1300mm　4幅

木挂屏，主题为松鹤延年、海青搏鹄、寒雪独鹭、孔雀牡丹。
整体采用黑酸枝与金丝楠木，并完全按照宫廷挂屏的制作方法制成。构图、制作及
后期打磨力争做到精益求精，志在成为现代红木挂屏的上乘之作，从而传达出对古
人思想与文化的传承。

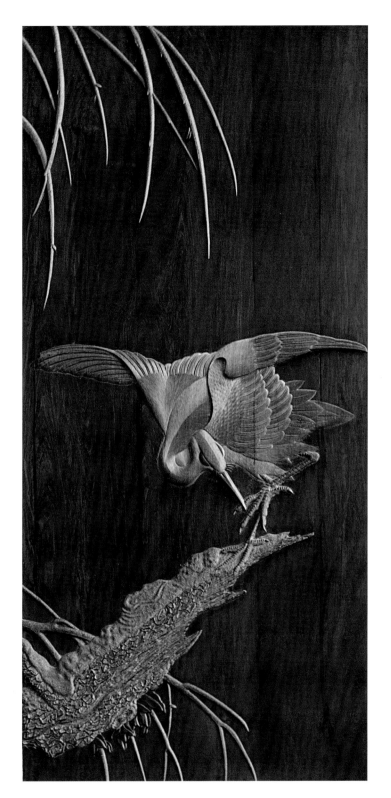

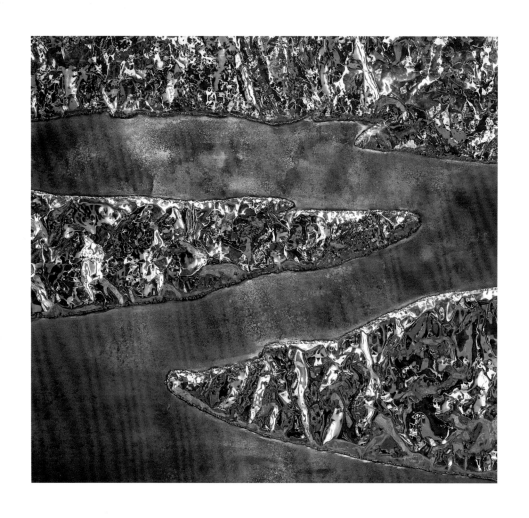

贺亮　山水志　金属壁挂　H1990mm×W1020mm等尺寸

作品运用不同完成面的金属、似云似水的古铜色金属、似峰似岸的镀铬金属，组合成一幅具有强大张力的山水抽象艺术壁挂，给人一种巅峰之上、不为一时喧嚣所扰，让浮华散佚于身后之感。作品在内容、材质及悬挂方式上追求一种不对称、不统一，极具现代主义的审美。

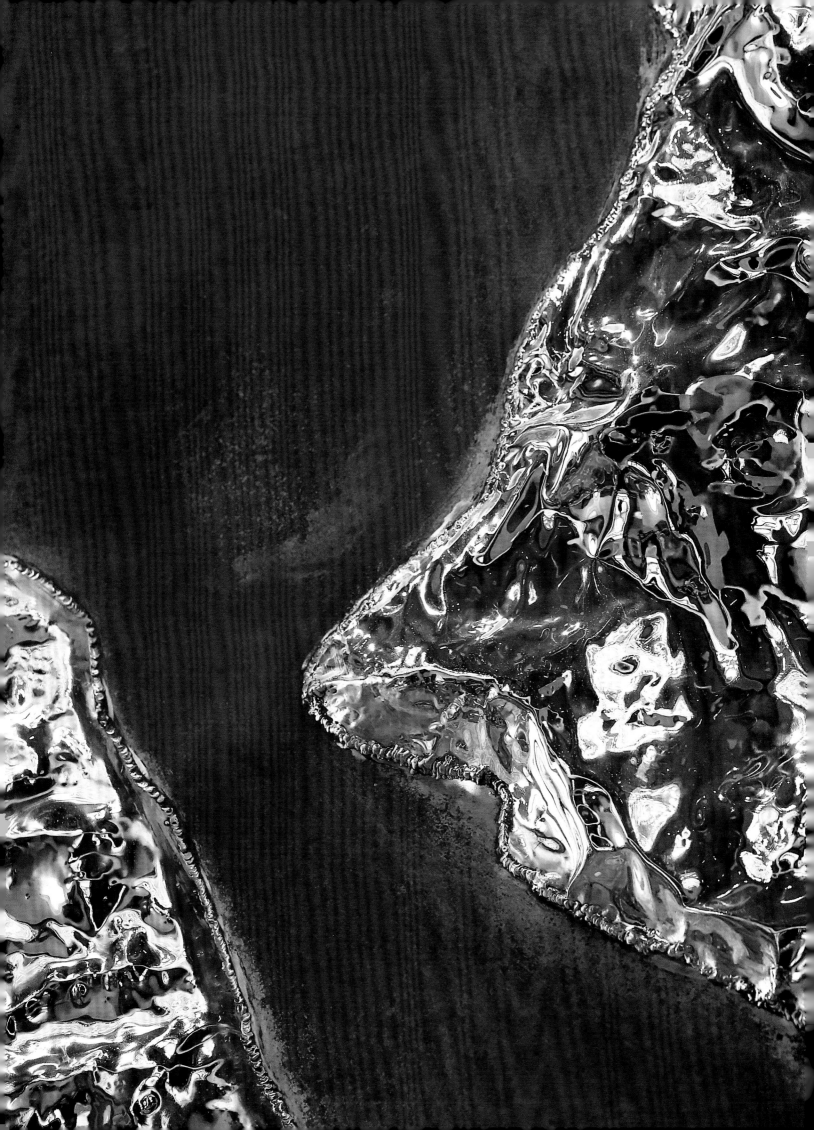

潘毅群　春耕　乐舞　雕塑
H400mm×W600mm×D250mm

以现代艺术的观念为出发点，在形式的创造中追求潜在的人文主题，反映出一种理
性的思考，同时也有很强的设计感。作品着力表现劳动人民娱乐与耕作的情景。作
品不再依赖环境的依托，用自身的材质与结构直接诉诸观众，给人以强烈的感受。

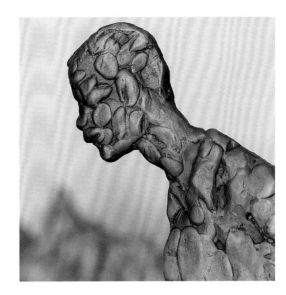

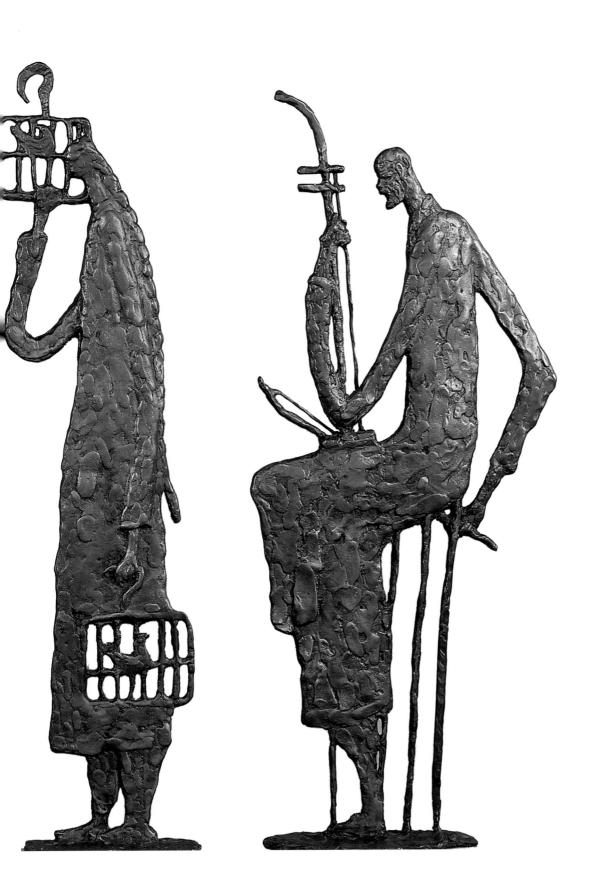

郑路　淋漓
雕塑
H3700mm×W2900mm×D2800mm

将著名唐代诗人白居易的诗《玩止水》融入作品中，作为这个系列的文字来源。这首诗用文字建构了水的造型，提取了类似于抽象水墨中的素材。雕塑诉说着一趟象征着自然和迁徙的旅程，淋漓延续着文字自身的用途、含义和情感价值，并将文字的动与静、虚与实从视觉角度重新呈现在作品当中。

黄浩
新生
雕塑　H1360mm×W480mm

以抽象的语汇表现孕育新机的生命力，它既像生命的种子，扎根于大地，焕发无限的可能性；又似生命的曲线，绵延生生不息的力量。整件金属雕塑以优雅的曲面融入室内空间环境之中提升了空间的灵动效果，展现出丰富的视觉效果。

黄浩
源
雕塑　H2130mm×W2130mm

水浪的造型寓意着文明的起源，展现寓动于静的艺术张力。

卢志荣　for KANJIAN
看见·戏石屏风
双面绡绣、印丝、金属木
H1850mm×W2580mm×D160mm

首度将中国传统的制绡工艺与双面
异色异样绣技法带入当代设计领
域，并巧妙结合现代丝印技术，通
过铜与木材结合的精密机械架构来
承载，利用重力学原理设计于屏风
载体上，将传统与当代内涵与实用
完美融合，是当代屏风设计极具突
破性的代表佳作。

致谢

清华大学（美术学院）
北京梵世艺元文化艺术有限公司
北京清尚建筑设计研究院有限公司
北京清尚建筑装饰工程有限公司
厦门御天成艺术顾问有限公司
中国画院